XINCHAO
PANSHI
ZAOXING

新潮
盘饰造型

李祥睿
陈洪华
——

主编

化学工业出版社
·北京·

内 容 简 介

盘饰是利用多种手段对菜点进行装饰，可提升菜点的审美价值和经济价值。本书介绍了拼摆饰件、雕刻饰件、面团饰件、糖艺饰件、巧克力饰件、果酱画饰件六大板块的盘饰知识，包括原料的选用、饰件制作的方法、饰件细节的修饰技巧、色彩的搭配，最后将各种饰件配合花草、水果等辅助材料通过一些巧妙、新颖的构思整合为一幅幅精美的画面。书中步骤清晰，简单易学。

本书适合餐饮行业厨师、烹饪相关专业师生参考，也适合烹饪爱好者自学。

图书在版编目（CIP）数据

新潮盘饰造型 / 李祥睿，陈洪华主编 . —北京：化学
工业出版社，2023.6
ISBN 978-7-122-43109-7

Ⅰ.①新 … Ⅱ.①李 …②陈 … Ⅲ.①食品雕刻
Ⅳ.①TS972.114

中国图家版本馆 CIP 数据核字（2023）第 041242 号

责任编辑：彭爱铭 　　　　　　　　　装帧设计：史利平
责任校对：边　涛

出版发行：化学工业出版社（北京市东城区青年湖南街 13 号　邮政编码 100011）
印　　装：北京瑞禾彩色印刷有限公司
710mm×1000mm　1/16　印张 7¼　字数 121 千字　2023 年 6 月北京第 1 版第 1 次印刷

购书咨询：010-64518888 　　　　　　售后服务：010-64518899
网　　址：http://www.cip.com.cn
凡购买本书，如有缺损质量问题，本社销售中心负责调换。

定　　价：49.00 元 　　　　　　　　　　　　　　版权所有　违者必究

前言

盘饰也就是我们常说的菜点"围边",是指利用多种手段对菜点进行装饰。目前常见的菜点装饰手段,是将饰件围放到菜点的四周、中间或者是铺撒在菜点上,而且常用象形盘、异形盘来盛装菜点。因为菜点装饰离不开盘子、器皿,所以又被称为"盘饰"。恰到好处的盘饰,既美化了菜点,又提升了菜点的附加值。

本书稿从拼摆饰件、雕刻饰件、面团饰件、糖艺饰件、巧克力饰件、果酱画饰件六部分来介绍,分别遴选了一些常见易学的品种进行讲解,图文并茂,步骤明晰,很容易进行学习。本书可作为餐饮行业厨师、烹饪职业院校师生的培训教材,也适合烹饪爱好者自学。

本书由扬州大学李祥睿、陈洪华担任主编;无锡旅游商贸高等职业技术学校徐晓驰、韦永考、杭东宏、徐子昂、陈瑜,安徽工商职业学院蒋一璟、扬州市旅游商贸学校高正祥担任副主编;无锡旅游商贸高等职业技术学校秦炳旺、周伟、吴晶、徐锦容、张开伟、张丽、曹亮担任本书稿特邀顾问;上海新东方烹饪学校张恒、无锡城市职业技术学院沈言蓓、江苏省相城中等专业学校胡凯杰、安徽中澳科技职业学院朱正义、扬州市江都区商业学校井开斌参加了编写工作。

本书稿在编写过程中,得到了扬州大学、无锡旅游商贸高等职业技术学校和化学工业出版社的支持,在此一并表示谢忱!

李祥睿　陈洪华

2022年10月

目 录

五、巧克力饰件·······093

六、果酱画饰件·······099

一、拼摆饰件

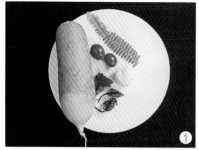

卜环蕨情

原料

青萝卜、樱桃番茄、康乃馨、蕨叶、酸模叶、澄粉团（图1）。

制作

1.卜环。将青萝卜切成厚片，用光极圈刻出圆环（图2），用槽刀在圆环边缘刻出若干个圆洞（图3）。

2.组合。在盘子的一角用澄粉团打底，将卜环和蕨叶安在澄粉团中固定（图4），前部放上康乃馨挡住澄粉团，散落地点缀樱桃番茄块，放上酸模叶（图5）。

3.成品（图6）。

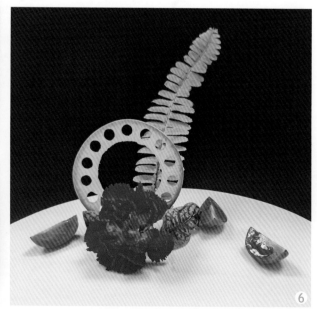

卜网情深

原料

胡萝卜、南瓜、蕨叶、酸模叶、澄粉团、黑色酱汁、月季（图1）。

制作

1. 五线谱。用黑色酱汁在盘角画出五线谱（图2）。

2. 胡萝卜网。将胡萝卜切成薄片，用槽刀刻出网眼（图3）；用雕刻刀刻出胡萝卜网（图4）。

3. 小南瓜球。用剜刀刻出小南瓜球（图5）。

4. 组合。将画有五线谱的一角放上澄粉团，立起胡萝卜网（图6）；缀上月季、蕨叶、酸模叶、小南瓜球等（图7）。

5. 成品（图8）。

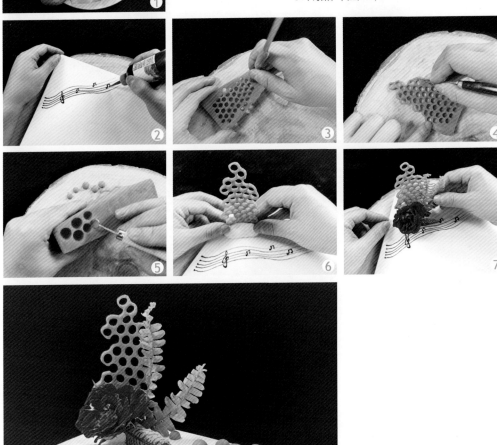

断桥相会

原料

黄瓜、胡萝卜、心里美萝卜、铜钱草（图1）。

制作

1. 小鱼。胡萝卜切成薄片，用雕刻刀刻出两条小鱼（图2）。剩下的胡萝卜做成拱形。

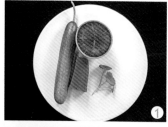

2. 兰花黄瓜。将黄瓜切成长方形薄片，用厨刀从头到尾排剞（图3），反过来呈小夹角继续排剞（图4），拉出呈手风琴状（图5）。

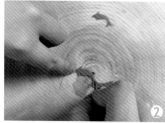

3. 小山。将心里美萝卜切成厚片，然后刻出有层次的小山状（图6）。

4. 组合。将兰花黄瓜拉开，放在拱形的胡萝卜上，形成长堤和桥（图7），将小山安在桥边，放上铜钱草、小鱼点缀（图8）。

5. 成品（图9）。

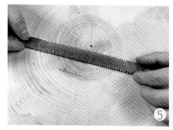

荷藕莲情

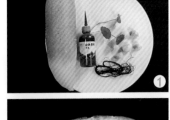

原料

青萝卜、大蒜头、发菜、铜钱草、黑色果酱、牙签（图1）。

制作

1. 荷藕。用牙签将大蒜头串起（图2），将发菜卷在大蒜头接头处（图3）。

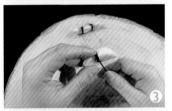

2. 莲蓬。用刀将青萝卜切成厚片，然后用槽刀掏出小孔（图4）。

3. 底座。将两片青萝卜片，修成错落的底座（图5）。

4. 组合。在青萝卜的底座上用牙签固定莲蓬（图6），然后将蒜头串成的莲藕固定在底座上（图7），最后整体安放在盘子一角，用黑色果酱点上一排点点（图8），点缀上铜钱草（图9）。

5. 成品（图10）。

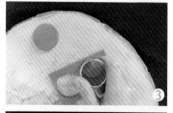

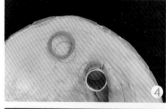

几何空间

原料

南瓜、康乃馨、小花、百里香叶、松针、黑色果酱、澄粉团（图1）。酸模叶。

制作

1.南瓜饰件。先将南瓜切成三角片（图2），用大的光极圈刻出圆片（图3），再用小的光极圈刻出圆环（图4），最后将两个圆环和一个圆片组合在三角片上（图5）。

2.线条。在盘子的一侧挤上黑色果酱，用硅胶刷刷出线条（图6），挤上一些果酱音符（图7）。

3.组合。在线条一角放上澄粉团，安上南瓜饰件（图8），点缀上康乃馨、小花、松针、酸模叶、百里香叶（图9）。

4.成品（图10）。

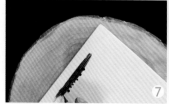

镂空粽情

原料

心里美萝卜、松针、粽叶、樱桃番茄、小青柑、三色堇、澄粉团、黑色果酱（图1）。

制作

1. 镂空萝卜圈。先将心里美萝卜切成厚片，用大小相当的光极圈刻出圆片（图2），用槽刀刻出数个孔洞（图3）。

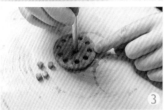

2. 线条。在盘子的一侧用黑色果酱画出弧线（图4）。

3. 组合。在果酱线条的一端放上澄粉团，安上镂空萝卜圈（图5），用小刀将粽叶刻出宝剑形叶片（图6），再将粽叶插在萝卜圈后面（图7），点缀上樱桃番茄块、松针、半个小青柑（图8），缀上三色堇（图9）。

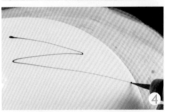

4. 成品（图10）。

萝卜卷花

原料

胡萝卜、粽叶、青豆、三色堇、薄荷叶（图1）。

制作

1. 胡萝卜卷和球。将胡萝卜用刨子刨成长方片（图2），然后卷成卷（图3），将剩下的胡萝卜用挖球器挖出数个小球（图4）。

2. 组合。将修成宝剑形的粽叶铺在盘子一侧，上面安放两个胡萝卜卷，卷上插上薄荷叶（图5），然后在底部撒上胡萝卜小球、青豆（图6），缀上三色堇（图7）。

3. 成品（图8）。

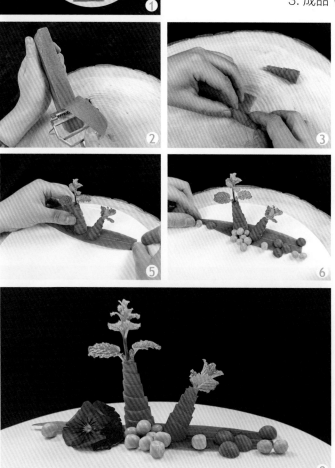

抹茶蔬味

原料

黄瓜、樱桃、松针、三色堇、抹茶粉、萝卜片（图1）。

制作

1. 抹茶圈。在盘子的一侧，放上一个圆纸片，将抹茶倒进不锈钢筛中，来回晃动筛出抹茶粉（图2），拿掉圆纸片，呈现出抹茶圈（图3）。

2. 黄瓜卷。用不锈钢刨子将黄瓜刨成长片（图4），然后卷成卷（图5）。

3. 组合。在抹茶圈内安上黄瓜卷，卷上插上松针（图6），缀上蓝色三色堇和樱桃（图7），再放上粉色三色堇（图8），最后放上萝卜片。

4. 成品（图9）。

南瓜瓶花

原料

　　南瓜、百里香、装饰草、康乃馨、黑色果酱、红色果酱、澄粉团（图1）。

制作

　　1. 南瓜瓶。将南瓜块修切成八棱柱形（图2），然后用挖球器将它掏半空，做出花瓶状（图3）。

　　2. 线条。在盘子一角画上果酱线条，画些字符和印章（图4）。

　　3. 组合。在线条一端放上南瓜瓶，瓶里塞上澄粉团，再插上黄色康乃馨、百里香、装饰草（图5），底部缀上红色康乃馨（图6）。

　　4. 成品（图7）。

青菜花魁

原料

　　青菜、心里美萝卜、法香、澄粉团、小草（图1）。

制作

　　1.菜花。将青菜从根部切断（图2），然后用雕刻刀修出花瓣（图3）。

　　2.萝卜环。将心里美萝卜切成厚片，然后用光极圈刻出圆环（图4）。

　　3.组合。在盘子一侧，放上澄粉团，安上萝卜环、小草和菜花（图5），再点缀上法香。

　　4.成品（图6）。

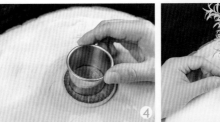

星月同辉

原料

　　白萝卜、青萝卜、樱桃萝卜、雏菊、薄荷叶、百里香叶、黑色果酱、澄粉团（图1）。

制作

　　1. 蘑菇。用槽刀在白萝卜上旋出小萝卜条（图2），将樱桃萝卜用槽刀旋数个洞（图3），再将白萝卜条插在樱桃萝卜洞里，贴合以后修去表面多余的部分（图4），继续修出蘑菇柄（图5）。

　　2. 星月造型。青萝卜切成厚片，用月牙形模具刻出月牙环（图6），用青萝卜皮刻出星星（图7）。

　　3. 组合。用两片青萝卜垫底，放上澄粉团，安上月牙环（图8），放上蘑菇（图9），贴上星星（图10），用黑色果酱刷出果酱线条（图11），放上以上星月造型组合，缀上雏菊、百里香叶、薄荷叶（图12）。

　　4. 成品（图13）。

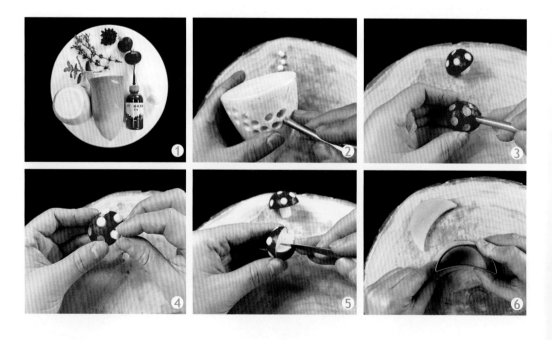

蔬果雪景

原料

心里美萝卜、松针、黄瓜、小青柑、樱桃番茄、迷迭香、玫瑰花枝、糖粉（图1）。

制作

1. 黄瓜水桶。将黄瓜切成段，用雕刻刀修出桶柄（图2），修出轮廓（图3），再用槽刀掏空桶底（图4）。

2. 组合。在盘子一角，放上黄瓜水桶，插上迷迭香、松针、玫瑰花枝等（图5），用切半的樱桃番茄装饰（图6），放上心里美萝卜球和切半的小青柑，筛上糖粉（图7）。

3. 成品（图8）。

双蝶恋花

法香、胡萝卜、黄瓜、黑色果酱（图1）。

1. 蝴蝶。先将胡萝卜切成夹刀片，用雕刻刀刻出蝴蝶的轮廓（图2），再刻出翅膀的细节（图3、图4）。

2. 黄瓜花。取一节黄瓜，用雕刻刀刻成锯齿状（图5），分成两节（图6），将黄瓜皮与黄瓜肉用雕刻刀分离（图7、图8）。

3. 组合。在盘子的一角放上两节黄瓜花，花顶上缀上蝴蝶（图9、图10），花旁边用法香点缀，用黑色果酱点上果酱点（图11）。

4. 成品（图12）。

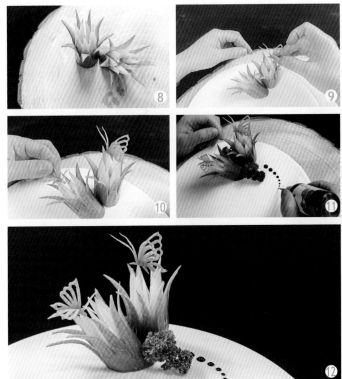

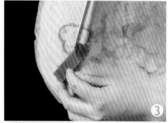

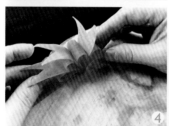

丝带花簇

原料

　　胡萝卜、雏菊、小青柑、酸模叶、澄粉团、蓝色果酱（图1）。

制作

　　1. 丝带。将胡萝卜切成长方体，然后从一端用厨刀片成多层薄片（图2），切去一个三角（图3），再将胡萝卜片一片隔一片卷起，最后一起展开呈丝带状（图4）。

　　2. 组合。在盘子一角放上澄粉团，用蓝色果酱点上果酱点，安上胡萝卜丝带（图5），点缀上雏菊、酸模叶和半个小青柑（图6）。

　　3. 成品（图7）。

比翼双飞

原料

哈密瓜、三色堇、樱桃、樱桃番茄、小青柑、迷迭香、蓝莓、薄荷叶（图1）。

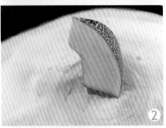

制作

1. 哈密瓜翅膀。将哈密瓜切成一个三角块（图2），用雕刻刀修出类似蝴蝶的翅膀状（图3），然后从中间切成两半，形成两个对称的翅膀（图4）。

2. 组合。在盘子的一角，安放两只对称的翅膀（图5），放上半个小青柑、半个樱桃番茄（图6），缀上樱桃（图7），然后点缀薄荷叶、迷迭香、三色堇、蓝莓（图8）。

3. 成品（图9）。

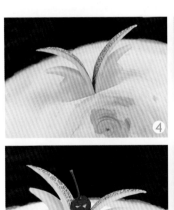

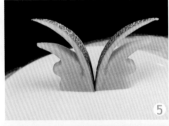

橙香蕨叶

原料

橙子、火龙果、小青柑、樱桃番茄、蓝莓、蕨叶、酸模叶、黑色果酱（图1）。

制作

1. 果酱线条。在盘子的一侧用黑色果酱描画两根交叉线条（图2）。

2. 番茄花。用雕刻刀将樱桃番茄交叉刻出锯齿状花纹（图3），然后分开，成为两枚番茄花（图4）。

3. 组合。在果酱线条的一侧，放上两块橙片、半个小青柑（图5），点缀上一枚番茄花、蓝莓和酸模叶（图6），放上蕨叶和火龙果丁（图7）。

4. 成品（图8）。

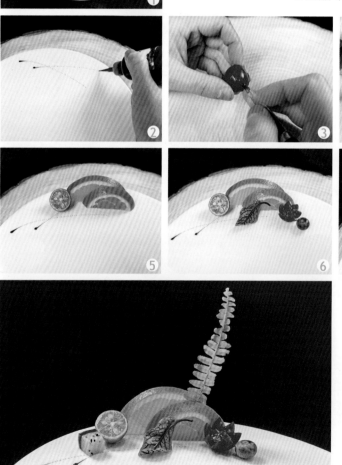

春暖花开

原料

粽叶、满天星、小青柑、蓝莓、草莓、薄荷叶、三色堇（图1）。

制作

1. 粽叶剑。将粽叶用刀修成宝剑形，放在盘子一侧（图2）。

2. 组合。在粽叶上放上草莓切片，插上满天星（图3），点缀上半个小青柑和一颗蓝莓（图4），最后放上薄荷叶和三色堇（图5、图6）。

3. 成品（图7）。

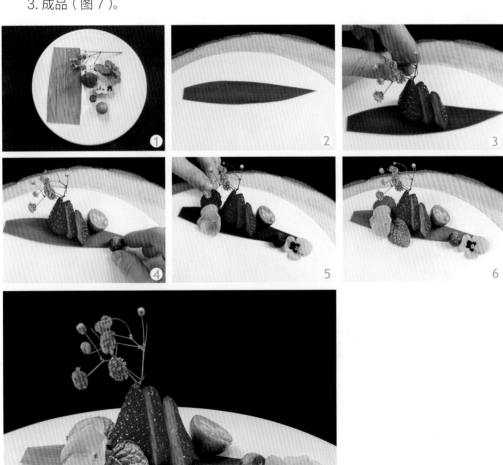

火龙迷香

原料

火龙果、小青柑、青豆、迷迭香、三色堇、褐色果酱（图1）。

制作

1. 果酱线条。在盘子的一侧用褐色果酱画两道平行直线（图2）。

2. 组合。在线条上放上火龙果的小方块定位（图3），上面放上小青柑片（图4），插上迷迭香（图5），缀上三色堇（图6），撒上小青豆（图7）。

3. 成品（图8）。

杧香蕨绿

原料

杧果、火龙果、蕨叶、酸模叶、红樱桃、法香（图1）。

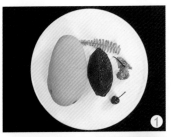

制作

1. 杧果花刀。将杧果切半，用厨刀尖部剞上十字花刀（图2），反扣过来凸出花纹（图3）。

2. 组合。在盘子的一侧放上杧果花刀，堆上火龙果块（图4），插上蕨叶（图5），缀上法香（图6），点缀红樱桃（图7）和酸模叶。

3. 成品（图8）。

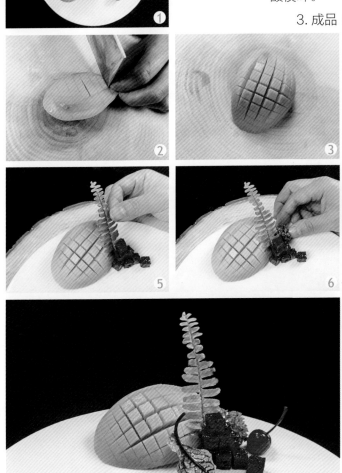

蜜瓜爱意

原料

哈密瓜、迷迭香、小青柑、蓝莓、车厘子（图1）。

制作

1. 蜜瓜爱心。在蜜瓜中间用雕刻刀修出两颗爱心的轮廓（图2），将其中一颗心掏空（图3）。

2. 组合。将蜜瓜爱心安放在盘子的一侧，放上半个小青柑、车厘子、蓝莓（图4），插上迷迭香（图5）。

3. 成品（图6）。

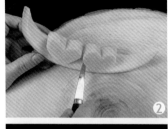

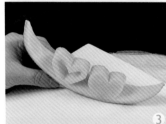

蜜瓜情深

原料

哈密瓜、火龙果、小青柑、樱桃萝卜、橙子、小草、蓝色果酱（图1）。

制作

1. 果酱线条。在盘子一侧，将蓝色果酱挤出来一点，用硅胶刷刷出果酱线条（图2）。

2. 哈密瓜塔。将一角哈密瓜用雕刻刀刻出锯齿状（图3），削去多余的瓜皮（图4），安放在果酱线条上（图5）。

3. 组合。用圆形模具刻出火龙果圆柱（图6），放在哈密瓜塔旁边（图7）；将樱桃萝卜用雕刻刀刻出锯齿状（图8），分成两朵萝卜花（图9）；在哈密瓜塔旁边放上橙片、小青柑（图10），点缀上萝卜花，插上小草（图11）。

4. 成品（图12）。

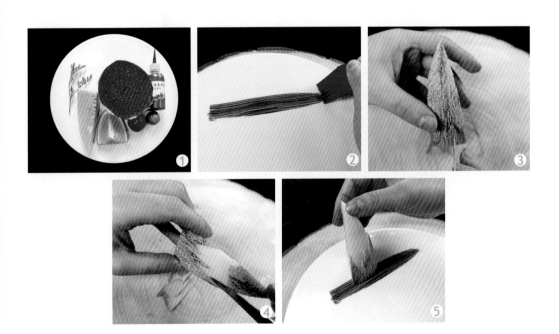

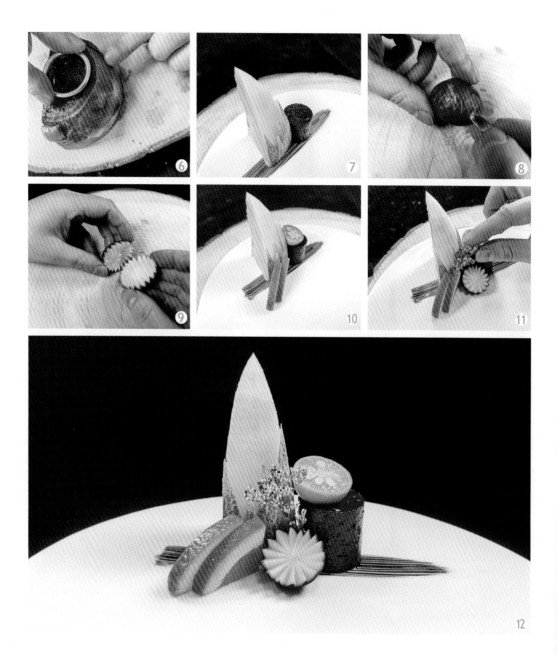

柠檬粽香

原料

哈密瓜、澄粉团、柠檬、粽叶、三色堇、樱桃、小草、黑色果酱（图 1）。

制作

1. 果酱线条。在盘子一侧，用黑色果酱画出线条（图 2）。

2. 组合。在线条上放上澄粉团，安上切好的柠檬片（图 3），插上修过的粽叶，缀上三色堇（图 4），放上樱桃、小草（图 5），撒上哈密瓜球（图 6）。

3. 成品（图 7）。

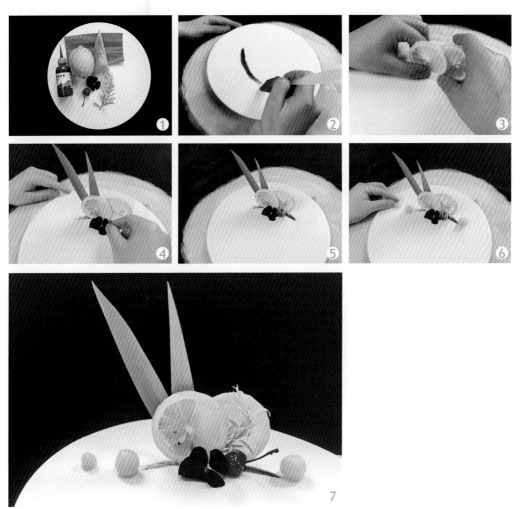

7

苹果叠香

原料

苹果、车厘子、三色堇、酸模叶、澄粉团（图1）。

①

制作

1. 苹果叠片。将苹果切一角，交叉切片，两刀之间呈直角（图2），展开呈羽毛状（图3），安放在盘子一侧的澄粉团边（图4）。

2. 组合。放上车厘子（图5），缀上三色堇、酸模叶（图6、图7）。

3. 成品（图8）。

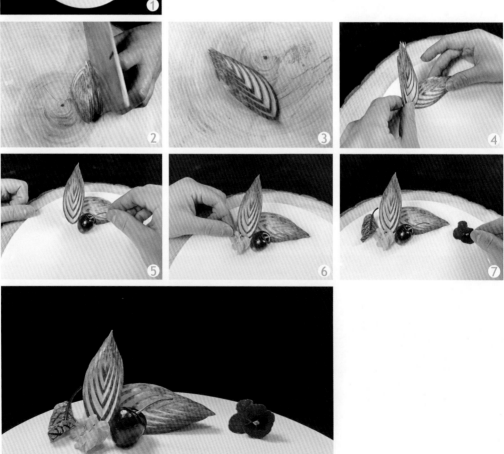

②

③

④

⑤

⑥

⑦

⑧

026

奇异风情

原料

奇异果、火龙果、粽叶、樱桃、小草、黑色果酱（图1）。

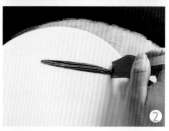

制作

1. 果酱线条。在盘子的一侧画出果酱线条（图2）。

2. 修粽叶。将粽叶修出宝剑形（图3）。

3. 组合。在果酱线条上放上奇异果片，插上宝剑形粽叶（图4），缀上火龙果球，插上小草（图5），放上樱桃（图6）。

4. 成品（图7）。

扇形橙香

原料

橙子、樱桃萝卜、酸模叶、三色堇、橄榄、小草、褐色果酱（图1）。

制作

1.萝卜花。将樱桃萝卜切成薄片，用牙签串起（图2、图3、图4）。

2.线条。用褐色果酱在盘子一侧画上一根线条（图5）。

3.橙子扇片。将橙子切片，一端用牙签固定，一端展开（图6）。

4.组合。将扇形橙片安放在果酱线条上（图7），点缀上萝卜花（图8），放上酸模叶（图9），插上小草点缀（图10），缀上橄榄圈（图11），最后放上三色堇（图12）。

5.成品（图13）。

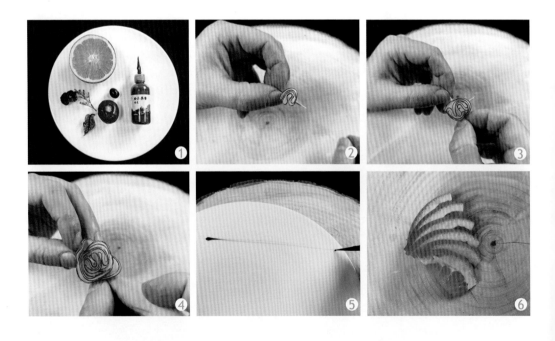

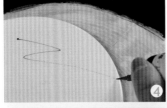

首屈一指

原料

苹果、车厘子、樱桃番茄、松针、酸模叶、小青柑、三色堇、黑色果酱（图1）。

制作

1. 苹果塔。将苹果切一角，用雕刻刀刻出锯齿状花纹（图2），修去多余的外皮（图3）。

2. 果酱线条。用黑色果酱画出曲线线条（图4）。

3. 组合。在果酱线条上安放苹果塔（图5），放上樱桃番茄，插上松针（图6），放上车厘子（图7），点缀三色堇、半个小青柑（图8），放上酸模叶（图9）。

4. 成品（图10）。

二、雕刻饰件

残垣新花

原料

白萝卜、青萝卜、胡萝卜（图1）。

制作

1. 残垣、底座。将白萝卜切成厚片，用黑笔勾勒出轮廓（图2），刻出残垣的墙线（图3），再将边缘刻出缺口（图4）；另切一厚片，画出底座的轮廓并用刀切去底座多余部分（图5、图6），最后将底座和残垣安装到位（图7）。

2. 雏菊。将胡萝卜切成段，用槽刀在中心旋出一个雏菊的中心（图8），继续用槽刀刻出雏菊状花瓣（图9、图10），最后将花瓣从胡萝卜段上分离出来（图11、图12）。

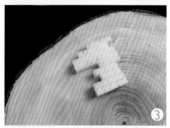

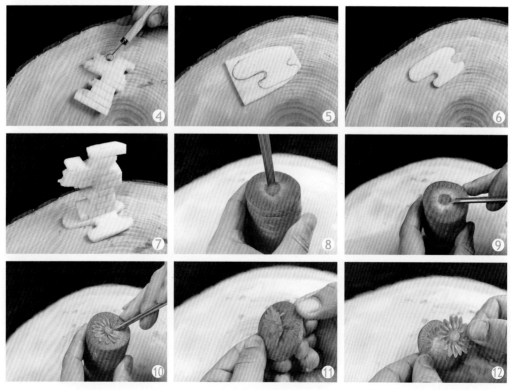

3. 花藤。在青萝卜的外皮上用黑笔画出花藤的轮廓（图 13），用刀刻出花藤（图 14）。

4. 组合。将雏菊安放在残垣的底部（图 15），缀上花藤（图 16、图 17）。

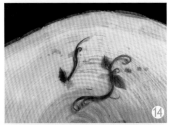

5. 成品（图 18）。

断桥残雪

原料

青萝卜、胡萝卜（图1）。蓝色果酱。

制作

1. 断桥。将胡萝卜刻出小桥的轮廓（图2），刻出桥孔和桥边（图3），用拉刀拉出砖桥的轮廓（图4），刻出小桥的台阶（图5）；在胡萝卜长片上画出桥栏杆的形状（图6），再用刀刻出栏杆（图7），然后安装在小桥的两边（图8），栏杆的顶部放上青萝卜顶（图9）；另用胡萝卜刻出小山和石头（图10、图11）。

2. 水波。在盘子的一角挤出一点蓝色果酱（图12），用硅胶刷刷出弯弯水纹（图13）。

3. 组合。在水波纹的上方放断桥（图14），放上小山、石头和青萝卜条（图15）。

4. 成品（图16）。

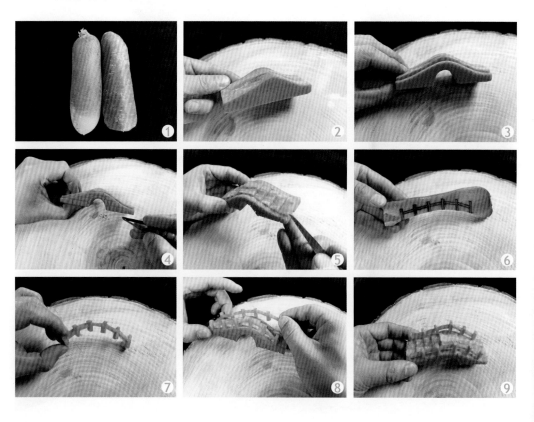

丰收玉米

原料

胡萝卜、青萝卜（图1）。

制作

1.玉米。将胡萝卜修出玉米的形状（图2），每隔一个玉米粒大小，用拉刀拉出竖长的槽（图3），用槽刀戳出玉米的形状（图4、图5、图6）。

2. 玉米叶。在青萝卜的外皮上用刨子刨出青皮，然后用雕刻刀刻出玉米叶的形状（图7、图8）。

3. 组合。将玉米叶包在玉米的外围（图9、图10）。

4. 成品（图11）。

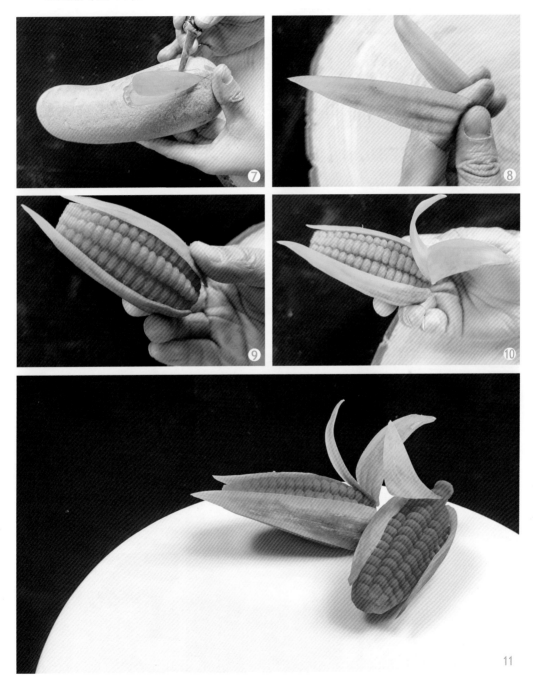

富贵牡丹

原料

青萝卜、心里美萝卜（图1）。

制作

1. 花。将心里美萝卜切出一半，在底部用雕刻刀修出五等份（图2），用刀尖刻出花瓣的锯齿状（图3），然后逐个修出第一层锯齿状花瓣（图4），修去多余的部分，继续用刀尖刻出花瓣的锯齿状，逐个修出第二层锯齿状花瓣（图5、图6），修出多余的部分（图7），继续修理萝卜呈收势（图8、图9），用同样方法刻出第三层花瓣（图10），再用同样方法刻出第四、五、六层花瓣（图11、图12、图13），形成一朵牡丹花（图14）。

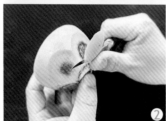

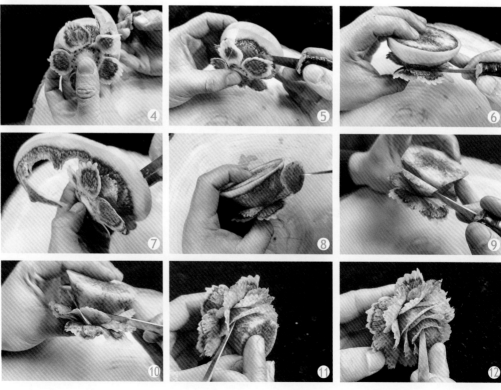

2. 藤和叶。在青萝卜的外皮，用雕刻刀刻出树叶的形状（图15），刻出树叶的纹理（图16）；另在青萝卜的外皮，用黑笔画出藤蔓的形状（图17），刻出藤蔓（图18）。

3. 组合。在盘子的一角安放上牡丹花（图19），缀上叶子（图20），接上藤蔓（图21）。

4. 成品（图22）。

花窗剪影

原料

白萝卜、青萝卜、胡萝卜、心里美萝卜（图1）。

制作

1. 底座。将白萝卜切成长方体作为花窗底座（图2）。

2. 花窗。将青萝卜切成菱形片，刻出菱形框（图3）；心里美萝卜切成片，用槽刀戳若干小孔（图4），另用雕刻刀刻出花格子（图5），最后组合成花窗（图6）。

3. 萝卜花。将胡萝卜修成圆台形，分成5等份，逐步刻出花瓣（图7），一层刻完，修去多余的部分（图8），最后收紧层层刻出花瓣即成（图9）。

4. 花叶和树叶。青萝卜皮部分刻出花叶（图10），修出叶瓣（图11）；部分青萝卜皮刻成树叶（图12）。

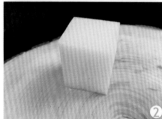

5. 组合。将长方体白萝卜定位在盘子边缘，用牙签固定花窗，缀上萝卜花、花叶和树叶（图 13）。

6. 成品（图 14）。

花的回忆

原料

胡萝卜、青萝卜、白萝卜、芋头（图1）。

制作

1. 花框。将芋头切成长方形块，用黑笔画出一个黑框（图2），用雕刻刀将中间掏空（图3），将花框切成欧式层次状（图4）。

2. 花藤。在青萝卜的外皮上用黑笔画出花藤的形状（图5），用雕刻刀修出花藤（图6）。

3. 花朵。将白萝卜切成方形厚片，用模具刻出五瓣花朵的形状（图7、图8），用厨刀片成薄片花瓣备用；用槽刀在胡萝卜表面挖出小圆片（图9），然后粘在白色花瓣的中心作花蕊（图10），最后将花朵边缘沾上红色色素（图11）。

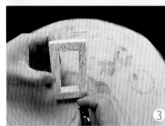

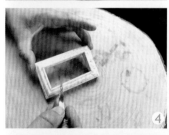

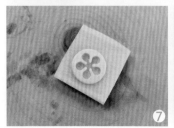

4. 组合。在花框的背面用三角形萝卜块支撑，表面粘上花朵（图12），粘上花藤（图13）。

5. 成品（图14）。

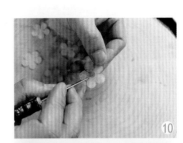

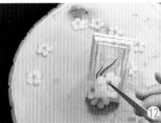

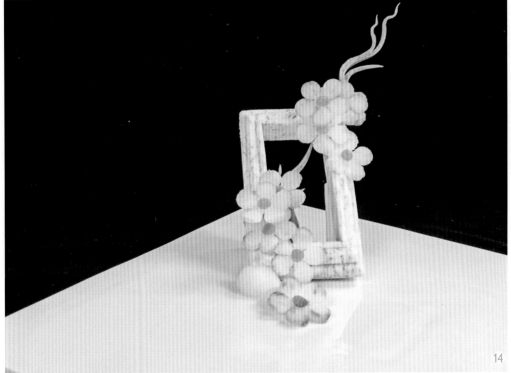

篱笆牵瓜

原料

青萝卜、白萝卜、南瓜（图1）。

制作

1.篱笆。将白萝卜切成条（图2），然后将萝卜条交叉用牙签固定（图3）。

2.丝瓜。切下一块青萝卜块，用雕刻刀修出月牙状（图4），修出丝瓜状（图5）；用拉刀拉出丝瓜的槽（图6），同时用拉刀拉出南瓜丝（图7），然后将南瓜丝嵌入丝瓜的槽中（图8）；在青萝卜的外皮上用黑笔画出花托的锯齿状，然后用雕刻刀修出花托（图9），在南瓜的外皮处用槽刀修出丝瓜的顶花（图10），最后将顶花和花托粘在丝瓜的顶部（图11、图12）。

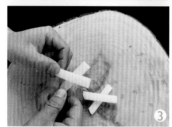

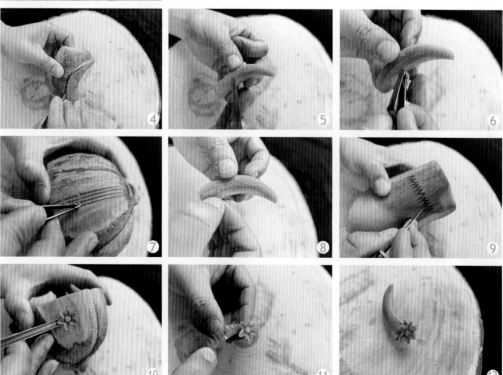

3. 组合。在青萝卜的外皮上用拉刀拉出丝瓜的藤蔓（图 13），然后放在丝瓜的尾端（图 14），将青萝卜切成细条（图 15），然后在盘子的一侧进行组装成品（图 16）。

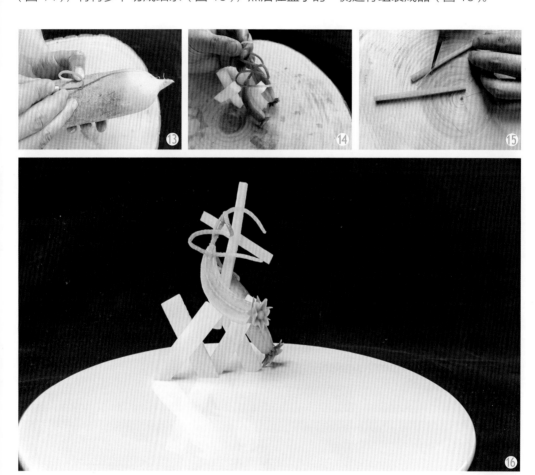

平平安安

原料

　　白萝卜、青萝卜（图1）。

制作

　　1. 花瓶。将白萝卜切成长方体，用黑笔画出花瓶的轮廓（图2），用槽刀修去多余的部分（图3），继续修整出花瓶的模样（图4、图5），另用一块白萝卜修出云状的底片（图6），然后固定在花瓶的底部（图7）。

　　2. 花藤。用青萝卜修出花藤（图8、图9）。

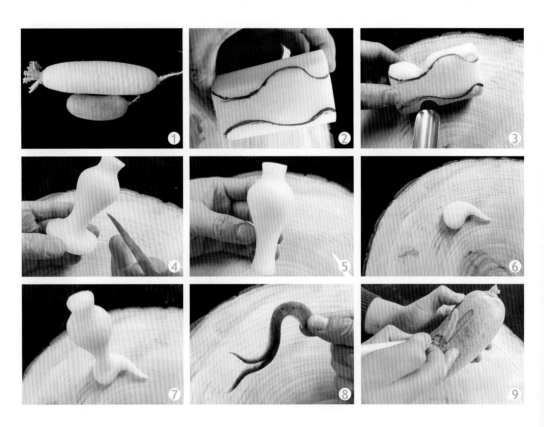

3. 小花。将白萝卜切成片，用模具压出花状（图 10），再用刀批成薄片，形成多个花瓣（图 11）。

4. 组合。将花藤插入花瓶中（图 12、图 13），将花瓣粘在花茎上（图 14）（可以撒上或放上雏菊点缀）。

5. 成品（图 15）。

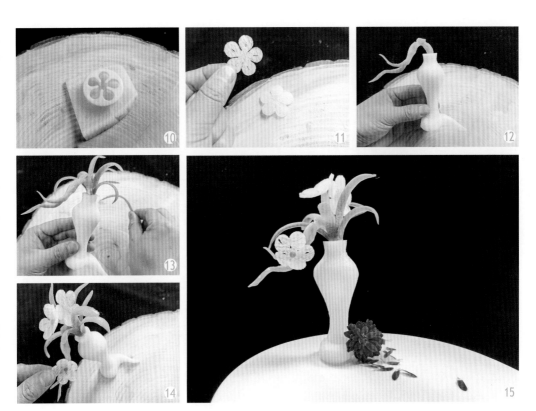

双花迎新

原料

青萝卜、心里美萝卜（图1）。

制作

1. 花心。将半个心里美萝卜修出圆柱形，取一段从中间用槽刀修去周围的萝卜（图2），再将一端修圆（图3），用小号槽刀戳出一圈花瓣（图4），修去一层萝卜后，继续戳出另一圈花瓣，如此直至中心（图5、图6）。

2. 花瓣。在青萝卜的外皮上用拉刀拉出长短不一的花瓣（图7），然后逐圈粘上花瓣（图8、图9、图10）。

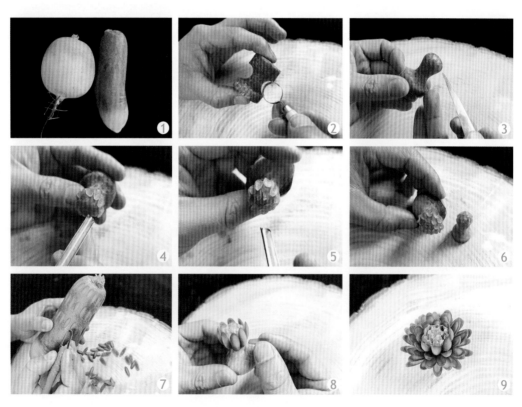

3. 花叶。在青萝卜的外皮上用黑笔画出叶子的形状（图11），用刀修出叶子的轮廓（图12），拉出叶子的纹理，然后修出叶子（图13、图14）；另在青萝卜的外皮上用黑笔画出藤蔓的形状（图15），再用刀修出藤蔓（图16）。

4. 组合。在盘子的一侧放上花和藤蔓（图17），再放上另一朵花（图18）。

5. 成品（图19）。

心连心印

原料

白萝卜、青萝卜、心里美萝卜（图1）。

制作

1. 玫瑰。将心里美萝卜切半后修出圆台状（图2），大头一端修圆（图3），用黑笔画出花瓣的形状（图4），然后用刀戳出第一层花瓣（图5），向内修去一层（图6），继续修出第二层花瓣（图7），如此逐渐收小修出花蕊（图8、图9）。

2. 花托。在青萝卜的外皮上用黑笔画出花托的形状（图10），用刀刻出花托（图11），然后配合花茎装在玫瑰的底部（图12）。

3. 心心。将白萝卜切成厚片，用模具刻出心形（图13、图14），然后用小一号的模具刻出心形环（图15）。

4. 组合。将心心环用牙签固定组装（图16），缀上玫瑰（图17），点缀上玫瑰叶（方法见"双花迎新"中的做法）（图18），装饰藤蔓（图19）。

5. 成品（图20）。

一曲排箫

原料

青萝卜、芋头、黑色果酱（图1）。

制作

1. 排箫。将芋头切成厚长方块（图2），再切成长条（图3），修去四个棱角（图4），逐个打磨成圆柱形条（图5），排列呈排箫状（图6），在砧板上固定排列（图7）。

2. 花藤与叶。在青萝卜外皮上画出花藤的形状（图8），修出花藤（图9、图10）；参照"双花迎新"中叶子的做法刻出叶子（图11）。

3. 小花瓣。用拉刀在萝卜的表面拉出几个小花瓣（图12）。

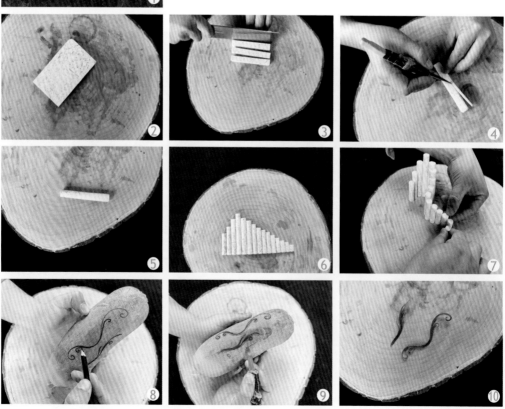

4. 组合。在盘子的一侧安放上排箫，点缀上花藤和叶、小花瓣，用黑色果酱点上一排果酱点（图 13）。

5. 成品（图 14）。

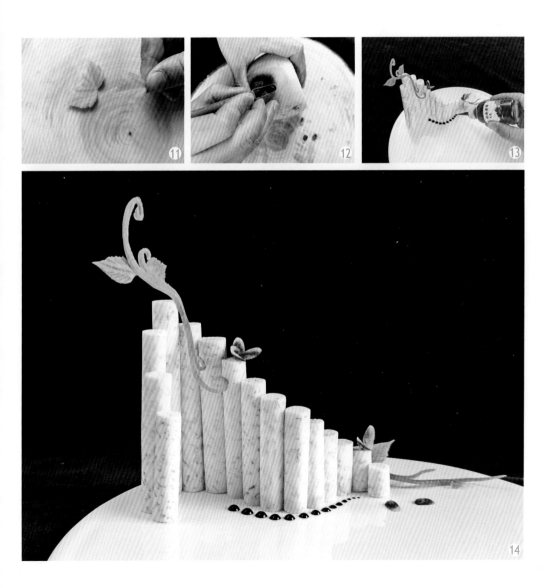

一书花香

原料

白萝卜、青萝卜、胡萝卜、心里美萝卜（图1）。

制作

1.书稿。将白萝卜切成长方块（图2），用厨刀批成薄片，书脊处粘上胡萝卜条（图3），再将书脊刻出线装书的感觉（图4），最后用牙签固定在方块萝卜底座上（图5）。

2.卷花。切一片青萝卜外皮，然后用厨刀批薄（图6），展开后用刀切成锯齿状（图7），接着从一端卷起，底部用牙签固定（图8），点缀在书稿底部（图9）。

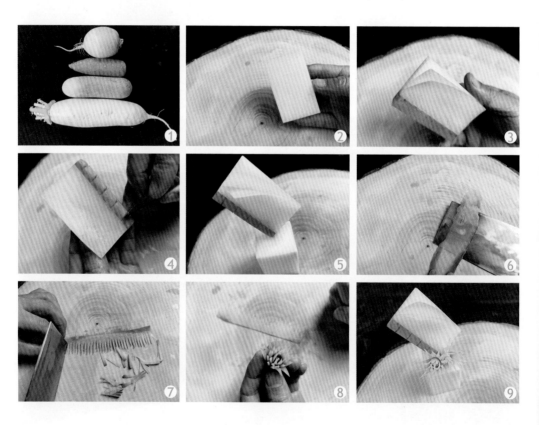

3. 树叶、藤蔓。在青萝卜的外皮上用黑笔画出树叶的形状（图 10），然后用刀刻出树叶（图 11）；在青萝卜的外皮上用黑笔画出藤的形状（图 12），然后用刀刻出藤蔓（图 13）。

4. 组合。将树叶和藤蔓安装在书稿的底部和后面（图 14），最后用一片心里美萝卜修出长方片粘在书稿封面作书名（图 15）。

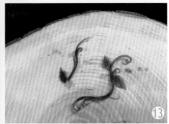

月亮情思

原料

　　白萝卜、青萝卜、心里美萝卜、胡萝卜（图1）。

制作

　　1. 底座。将白萝卜切成厚片，用模具刻出几片圆形底座，同时将其中一片刻出圆片后留用（图2）。

　　2. 藤蔓与叶。在青萝卜的外皮上用黑笔画出藤蔓与叶的形状（图3），用雕刻刀刻出叶子的轮廓（图4），修出叶子（图5、图6）；同时刻出藤蔓的轮廓（图7），修出藤蔓（图8、图9）。

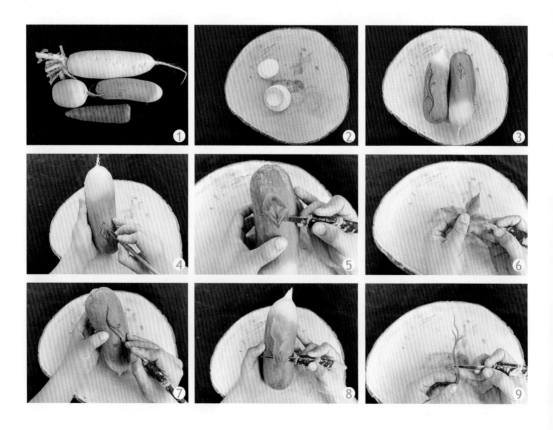

3. 变形月亮。将心里美萝卜切成厚片（图10），用槽刀刻出数个洞眼的变形月亮（图11），然后将变形月亮片安装到白萝卜片的圆孔中（图12），最后安装到三个萝卜皮底座上（图13）。

4. 胡萝卜花。将胡萝卜切段，修成圆台状（图14），刻出第一层花瓣（图15、图16），然后旋出一层多余的胡萝卜（图17），再刻出第二层花瓣（图18），如此方法刻出第三层花瓣（图19），刻出第四层花瓣（图20），最后收口成胡萝卜花（图21），配上叶子（图22）。

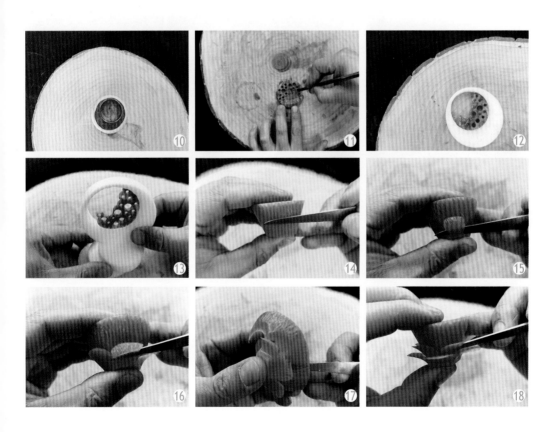

5. 组合。最后将花朵、藤蔓安装在月亮刻件上（图23）。

6. 成品（图24）。

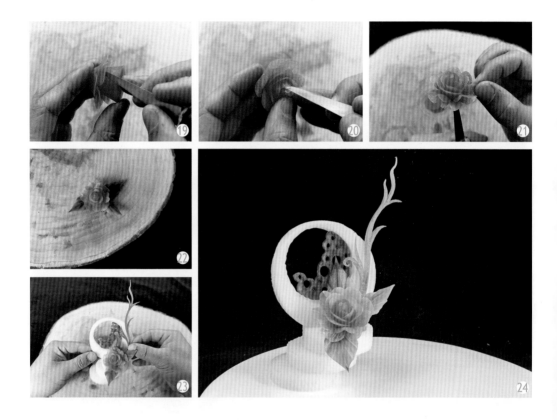

竹报平安

原料

白萝卜、青萝卜（图1）。

制作

1. 竹子。将青萝卜切成条（图2），修去棱角（图3），变成圆形条（图4），刻出竹节（图5），再刻出竹子（图6），挖出竹腔（图7），修成竹子状（图8）。

2. 竹叶、竹枝。在青萝卜的外皮上用黑笔画出竹叶的形状（图9），用刀刻出轮廓（图10），再削下外皮（图11），分出竹叶（图12）；在青萝卜的外皮上用黑笔画出竹枝的形状（图13），修下竹枝后与竹叶粘在一起（图14）；在青萝卜的外皮上用黑笔画出小草的形状（图15），修下外皮后刻出小草的轮廓（图16、图17）。

3. 底座、石头。用白萝卜修出底座（图18），再修出石头（图19）。

4. 组合。将竹叶、竹枝粘在竹子上，再将竹子粘在底座上（图20），点缀上石头、小草（图21），挤上果酱点（图22）。

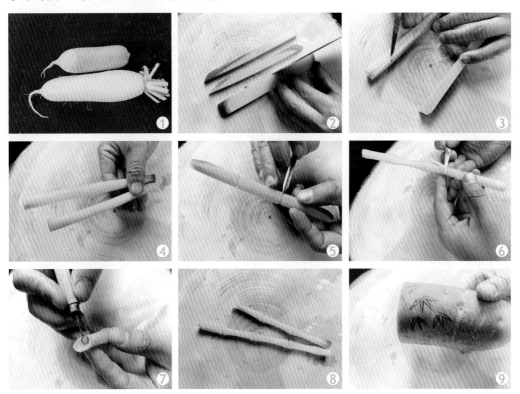

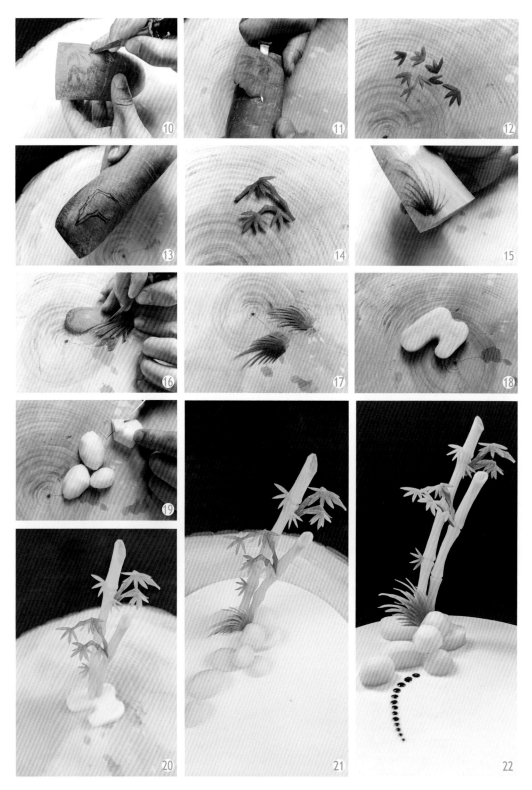

三、面团饰件

粉色玫瑰

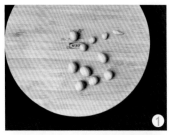

原料

粉色面团、绿色面团、褐色面团。

制作

1. 玫瑰花。将粉色面团搓成大小不等的小球（图1），再用有机玻璃板压扁成小花瓣（图2），用小花瓣将搓成条的花心错开包起（图3），呈开放状（图4），将大一点的花瓣用手将边缘自然卷折（图5、图6），然后错开包裹成一朵玫瑰（图7），同样方法做出另一朵玫瑰。

2.花茎。用专用细丝弯曲后插入玫瑰花底部（图8），用绿色面团包裹细丝，且做出花托（图9），压扁锥形绿色小面团，再压出叶脉（图10），粘贴在花茎上，插入褐色面团做的底座上（图11）。

3.成品（图12）。

福禄齐全

原料

蓝色面团、红色面团、绿色面团、紫色面团、黄色面团、白色面团、褐色面团。

制作

1.海浪。将蓝、白面团切成条，排列在一起（图1），搓成蓝白相间的面团（图2），取一块面团搓成条，再搓成水滴形（图3），用有机玻璃板压扁，压出纹路（图4），在白色平盘的一角堆砌成一簇海浪（图5）。

2.荷叶。将绿色面团搓成球状（图6），压扁后用玻璃棒压出波浪纹（图7），再压出荷叶纹理（图8），安装在波浪上（图9）。

3.葫芦。将黄色面团搓成球状（图10），搓成葫芦状（图11），将褐色面团搓成条，安装在葫芦顶上（图12）。同样方法做出几个小小葫芦挂在大葫芦上（图13）。将

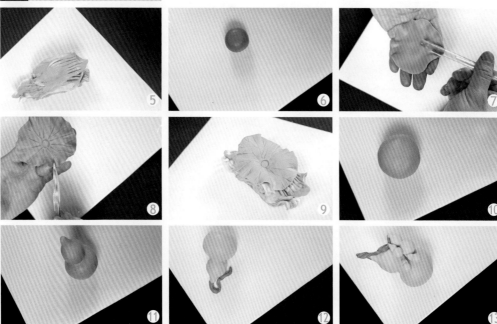

绿色面团搓成球，压扁后刻出葫芦叶，压出纹理（图14）。

4. 小鱼。将红色面团搓成球状（图15），搓成小鱼状（图16），剪出尾鳍和脊鳍（图17），安上鱼眼和胸鳍（图18）。

5. 荷花。将白、紫、绿三种面团搓成小球（图19），将紫色面团压扁包入白色面团（图20），用剪刀剪出荷花花瓣（图21），用玻璃棒将花瓣压扁塑型（图22），最后将绿色面团压扁放在中心作莲蓬。

6. 组合。在海浪、荷叶的底座上安放上葫芦、荷花、小鱼、葫芦叶等饰物（图23）。

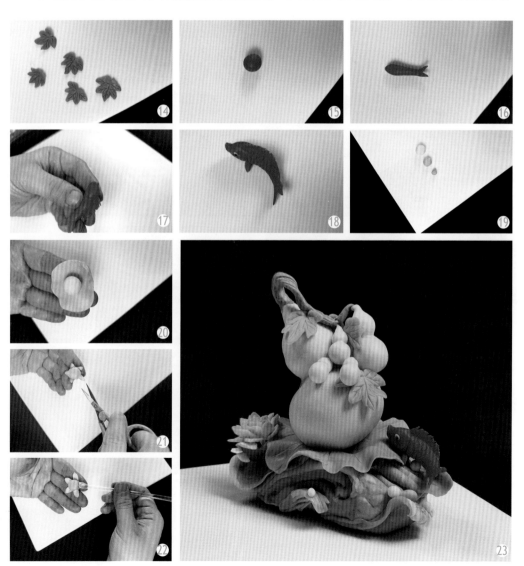

好事发生

原料

树枝、浅黄色面团、褐色面团、橙色面团。

制作

1. 柿子。将橙色面团搓成球状（图1），用有机玻璃板压扁（图2），再压出柿子的凹凸纹（图3）；将褐色面团搓成小球（图4），再压出圆片状（图5），然后卷折成方形萼片（图6），盖在柿子上（图7），插上枝梗（图8）。

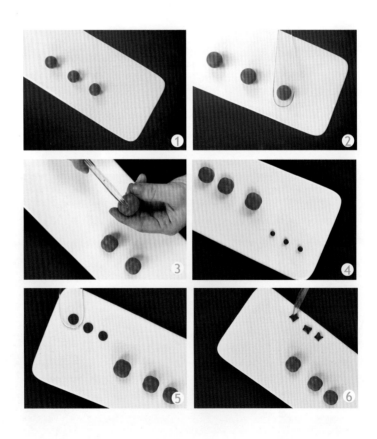

066

2. 花生。将浅黄色面团搓成球状（图9），搓压成花生的形状（图10），用工具点压出花生的小凹坑（图11），做成花生生坯（图12）。

3. 组合。将树枝插在褐色面团上，挂上柿子，摆上花生（图13）。

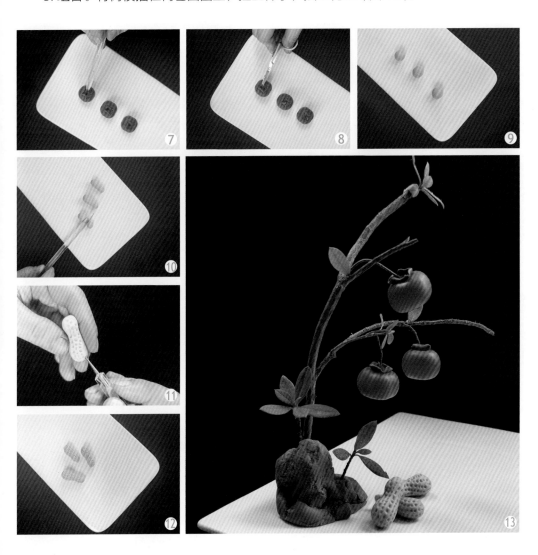

金鱼戏水

原料

白色面团、红色面团、褐色面团、绿色面团。

制作

1. 金鱼。将白色面团和红色面团糅合在一起（图1），搓成一头大一头小的哑铃形（图2），一头压扁（图3），另一条捏成金鱼的头（图4），用玻璃刀压出金鱼嘴状（图5），再用槽刀次第压出鱼鳞（图6），同时掏出金鱼的嘴（图7），用剪刀剪出脊鳍（图8），剪出金鱼尾部（图9），压出尾部的细纹（图10），安上金鱼眼，插入褐色面团底座上（图11）。

2. 组合。在金鱼组合上，安上绿色面团做成的水草即可（图12）。

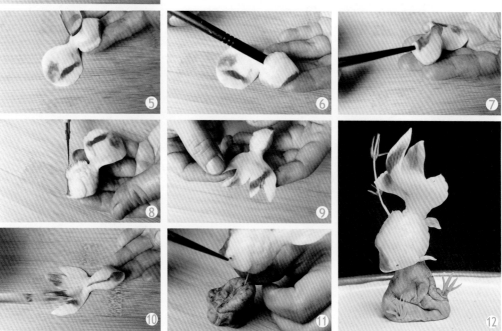

马蹄莲开

白色面团、绿色面团、黄色面团、褐色面团、白色果酱。

制作

1.马蹄莲。将白色面团搓成小水滴形，黄色面团搓成小纺锤形（图1），把黄色纺锤形面团插进专用细丝中（图2），用剪刀剪出花蕊（图3），用玻璃刀将水滴形白色面团压扁（图4），然后将之包住花蕊（图5），卷成卷（图6）。

2.绿叶。将绿色面团搓成纺锤形小面团，用玻璃刀压扁（图7），粘上专用细丝（图8），插入褐色面团中（图9），用白色果酱涂上白色斑点（图10）。

3.组合。将马蹄莲花插入褐色面团底座中（图11）。

4.成品（图12）。

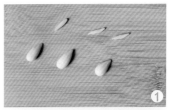

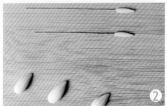

①

②

③

④

⑦

⑧

⑨

小鸡啄米

原料

黄色面团、绿色面团、红色面团、黑芝麻。

制作

1. 小鸡。取一块黄色面团，搓成球状（图1），捏出小鸡的大致形状（图2），在尾部压出羽毛的纹路（图3），用剪刀剪出翅膀（图4、图5），装上红色面团做的鸡嘴（图6）和鸡爪（图7），嵌入黑芝麻作为眼睛（图8、图9）。

2. 组合。在盘子的一侧，放上小鸡，点缀上绿色面团做的小草即可（图10）。

⑤

⑥

10

玉兔擎花

原料

树枝、橙色面团、黄色面团、白色面团、黑色面团。

制作

1. 雏菊。将橙色面团搓成若干个小球，压扁后卷成花瓣（图1），包住黄色面团剪出的花蕊，逐层粘起成雏菊（图2）。

2. 兔子。将白色面团搓成小球（图3），用手捏出兔子的形状（图4），用剪刀剪出兔耳朵（图5），再用玻璃棒压出耳窝（图6）；用玻璃刀塑出兔腿的形状（图7），剪出兔腿（图8）；用玻璃棒尖端塑出兔头、兔嘴、兔牙等部位（图9），贴上兔腿（图10）；用玻璃棒压出眼窝，放入橙色面片和黑色面团做成的眼珠。

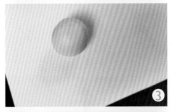

3. 组合。将雏菊插根树枝，斜倚兔子装盘（图11）。

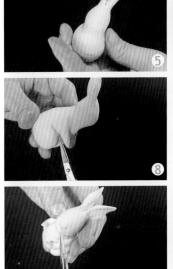

草莓之约

原料

　　水磨糯米粉 50 克，水磨粳米粉 200 克（图 1），热水 180 毫升，色拉油 10 克，红色蔬菜粉 10 克，绿色蔬菜粉 10 克，黑芝麻 3 克。

制作

　　1. 和面。将水磨糯米粉、水磨粳米粉放入面盆内拌和，加热水调制成松散粉团，用筷子搅成雪花状粉团，倒在案板上用手来回揉搓，揉成白色粉团（图 2）。

　　将其中 1/3 白色粉团加上绿色蔬菜粉揉成绿色粉团（图 3）。

　　将其中 2/3 白色粉团加上红色蔬菜粉揉成红色粉团（图 4）。

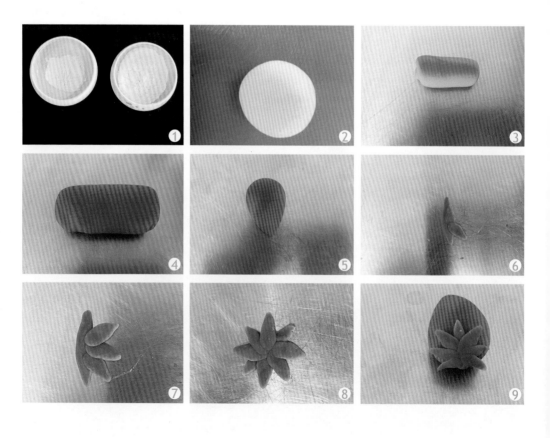

2. 成型。取少许红色粉团搓成草莓形状（图5），再取少许绿色面团搓成细条压扁后做成草莓蒂（图6、图7、图8），将草莓蒂安在草莓坯上（图9），再搓根细条（图10），插入草莓蒂处（图11），然后在草莓坯上用牙签戳些密集的微坑（图12），在坑中嵌入黑芝麻（图13），做成草莓生坯。

3. 成熟。将生坯上笼，旺火沸水蒸制5分钟，晾凉后刷上色拉油即可。

4. 成品（图14）。

丰收南瓜

原料

　　水磨糯米粉 50 克，水磨粳米粉 200 克，热水 180 毫升，莲蓉馅 80 克，色拉油 10 克，橙色蔬菜粉 6 克，绿色蔬菜粉 2 克，可可粉 1 克。

制作

　　1. 和面。其和面过程参照"草莓之约"的和面方法，揉成白色粉团（图 1）。

　　在 2/3 白色粉团中加入橙色蔬菜粉揉匀揉透，做成橙色粉团（图 2）。

　　在 1/6 白色粉团中加入绿色蔬菜粉揉匀揉透，做成绿色粉团（图 3）。

　　在 1/6 白色粉团中加入可可粉揉匀揉透，做成褐色粉团（图 4）。

　　2. 成型。取少许橙色粉团按扁包入球状莲蓉馅，搓成大小一样的扁球状（图 5），然后用"V"字形槽刀按压出沟纹，做成南瓜坯（图 6、图 7）。

　　取少许褐色粉团搓成短条（图 8），做成南瓜蒂（图 9），安在南瓜坯上（图 10）。

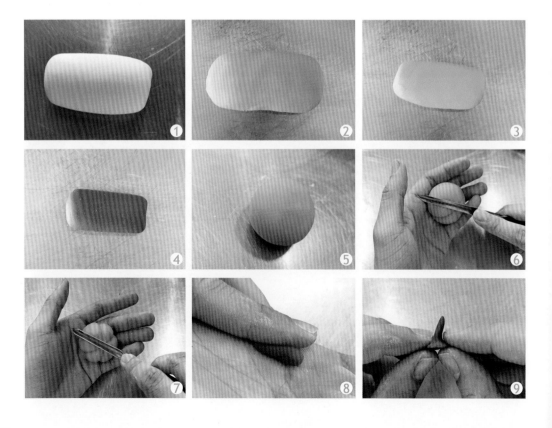

取少许绿色粉团搓成水滴形（图 11），压扁呈叶子状（图 12），用梳子压出纹路（图 13），安在南瓜坯上（图 14）。

取少许绿色粉团搓成细条（图 15），圈在牙签上做出弯曲的藤（图 16），取出后安在南瓜蒂处，做成生坯（图 17）。

3. 成熟。将生坯上笼，旺火沸水蒸制 5 分钟，晾凉后刷上色拉油即可。

4. 成品（图 18）。

寿桃贺新

原料

水磨糯米粉 50 克，水磨粳米粉 200 克，热水 180 毫升，莲蓉馅 80 克，色拉油 10 克，绿色蔬菜粉 5 克，红色蔬菜粉液适量。

制作

1. 和面。其和面过程参照"草莓之约"的和面方法，揉成白色粉团（图 1）。

取 1/3 白色粉团加入绿色蔬菜粉揉搓成绿色粉团（图 2）。

2. 成型。取少许白色粉团搓圆，按扁，包入莲蓉馅，搓成球状（图 3），再搓成水滴形（图 4），用有机玻璃刀压出桃纹（图 5）。

取少许绿色粉团搓成枣核型压扁（图 6），刻上桃叶的纹路（图 7、图 8、图 9），将桃叶配在桃子旁边，做成生坯（图 10）。

3. 成熟。将生坯上笼，旺火沸水蒸制 5 分钟，晾凉后刷上色拉油，刷上红色蔬菜粉液即可（图 11）。

4. 成品（图 12）。

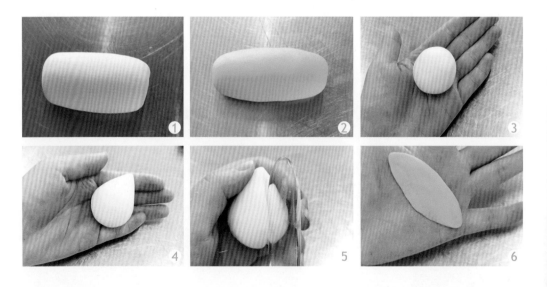

一架葡萄

原料

　　水磨糯米粉 50 克，水磨粳米粉 200 克，热水 180 毫升，色拉油 10 克，紫色蔬菜粉 5 克，绿色蔬菜粉 3 克。

制作

　　1. 和面。其和面过程参照"草莓之约"的和面方法，揉成白色粉团（图 1）。

　　在 2/3 白色粉团中加入紫色蔬菜粉揉匀揉透，做成紫色粉团（图 2）。

　　在 1/3 白色粉团中加入绿色蔬菜粉揉匀揉透，做成绿色粉团（图 3）。

　　2. 成型。取少许紫色粉团切成小块（图 4），搓成葡萄大小的球状（图 5），在餐盘中摆放出一串葡萄状（图 6）。

　　取少许深绿色粉团搓成水滴形（图 7），压扁后重叠在一起（图 8），用有机玻璃刀刻出叶纹（图 9），用剪刀剪出葡萄叶的锯齿边缘（图 10），安在餐盘中葡萄串上，做成葡萄生坯（图 11）。

　　3. 成熟。将生坯上笼，旺火沸水蒸制 5 分钟，晾凉后刷上色拉油即可。

　　4. 成品（图 12）。

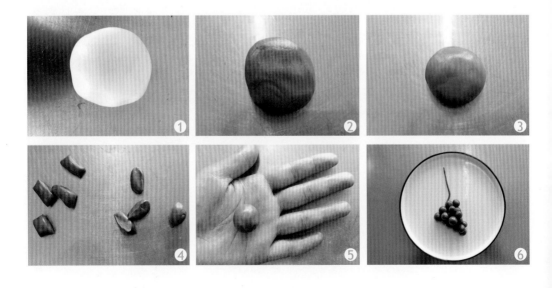

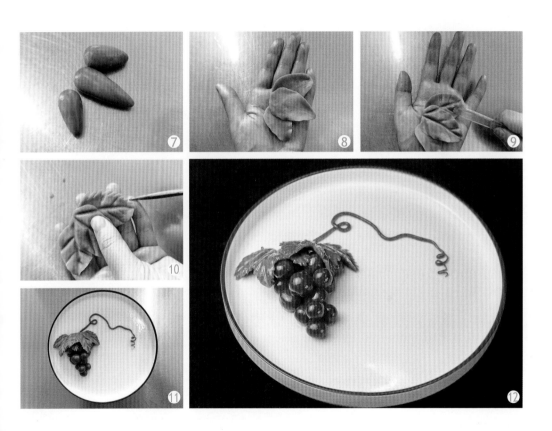

樱桃番茄

原料

水磨糯米粉 50 克，水磨粳米粉 200 克，热水 180 毫升，色拉油 10 克，红色蔬菜粉 10 克，绿色蔬菜粉 2 克。

制作

1. 和面。其和面过程参照"草莓之约"的和面方法，揉成白色粉团（图1）。

在 3/4 白色粉团中加入红色蔬菜粉揉匀揉透，做成红色粉团（图2）。

在 1/4 白色粉团中加入绿色蔬菜粉揉匀揉透，做成绿色粉团（图3）。

2. 成型。取少许红色粉团搓成小番茄形（图4），取一点绿色粉团分别搓成小纺锤状，然后交叉压在一起（图5），装在小番茄的顶部（图6），安上蒂柄（图7），做成小番茄生坯（图8）。

3. 成熟。将生坯上笼，旺火沸水蒸制 5 分钟，晾凉后刷上色拉油即可。

4. 成品（图9）。

四、糖艺饰件

雏菊绽放

原料

艾素糖、水、食用色素。

制作

1. 基础熬糖。将艾素糖加上水搅拌均匀放在火上加热（图1），烧开后继续加热（图2），达到155℃时，离火后倒入硅胶隔离板上（图3）。

2. 花瓣。加入适量食用色素，戴上隔热手套搓拉均匀（图4），然后拉出薄片（图5），用剪刀剪断（图6），做出若干花瓣，摆成花朵形状（图7）。花蕊中间点上热糖液粘上（图8），稍稍凉后用手整形（图9）。

3. 绿叶。同样方法，拉出叶片（图10），同时拉出花茎（图11）。

4. 组合。将圆形糖片放在隔热硅胶垫上，花茎根部用火烧熔，粘在圆心（图12），同样粘上叶子（图13），同样方法粘上花朵（图14），然后整体安放在盘子一角（图15）。

洁净荷花

原料

艾素糖、水、食用色素。

制作

1. 基础熬糖。参照"雏菊绽放"中的做法。

2. 荷叶。将加上绿色色素的糖块捏成圆片，用荷叶的模具压出荷叶的纹路（图1），成型后用手整形成凹凸状（图2）。

3. 荷茎。另取一块加上绿色色素的糖块拉出三根荷茎（图3）。

4. 荷花。另取一块加上红色色素的糖块拉出花瓣，逐片包成荷花状（图4）。

5. 组合。将荷茎头部用打火机烧熔，粘上荷叶和荷花（图5）。

6. 成品（图6）。

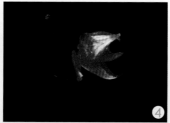

金边月季

原料

艾素糖、水、食用色素。

制作

1. 基础熬糖。参照"雏菊绽放"中的做法。

2. 月季。将熬好的糖块拉抻成片状（图1），用剪刀剪下糖片（图2），用手整理成花瓣（图3）。

在一块圆形糖片底座上，逐层粘上花瓣（图4），做成月季花（图5），用食用色素描画花瓣的金边（图6），装盘即可（图7）。

085

金橘糖丝

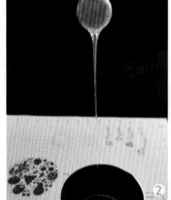

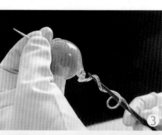

原料

金橘、艾素糖、水。

制作

1. 基础熬糖。参照"雏菊绽放"中的做法。

2. 成型。艾素糖熬好后，用牙签戳住金橘，沾上糖液（图1），垂直自然拉长（图2），稍凉后用筷子辅助弯曲（图3），抽去筷子成型（图4），装盘即可（图5）。

棉花糖丝

原料

艾素糖、水。

制作

1. 基础熬糖。参照"雏菊绽放"中的做法。

2. 糖丝。用叉子沾上糖液（图1），然后甩成丝状（图2），稍凉后，用隔热垫顺势卷起装盘（图3）。

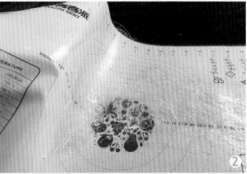

糖裹鲜花

原料

康乃馨、艾素糖、水。

制作

1. 基础熬糖。参照"雏菊绽放"中的做法。

2. 糖裹。用心形模具沾上熬好的糖液（图1），插上康乃馨裹上糖衣（图2），顺势拉长（图3），冷却后定型，最后装盘（图4）。

天鹅之恋

原料

艾素糖、水。

制作

1. 基础熬糖。参照"雏菊绽放"中的做法。

2. 天鹅。将熬好的糖液稍凉后拉搓（图1），剪去尾端（图2），做成天鹅的形状（图3），装上鹅嘴（图4）。另将糖块拉出翅膀（图5），粘上翅膀（图6），最后装盘（图7）。

一苇以渡

原料

艾素糖、水、食用色素。

制作

1. 基础熬糖。参照"雏菊绽放"中的做法。

2. 苇叶。在熬好的糖液中加入绿色色素（图1），倒入苇叶模具中（图2），压制成型（图3），用手将苇叶整形（图4），点缀一些水果和植物叶片，然后装盘（图5）。

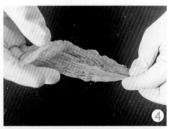

艺术果盘

原料

艾素糖、水。

制作

1. 基础熬糖。参照"雏菊绽放"中的做法。

2. 果盘。将熬好的糖液倒在隔热垫上稍凉后，从背面用手顶起（图1），适当进行拉伸（图2），晾凉定型后取出（图3），点缀一些水果和植物叶片，然后装盘（图4）。

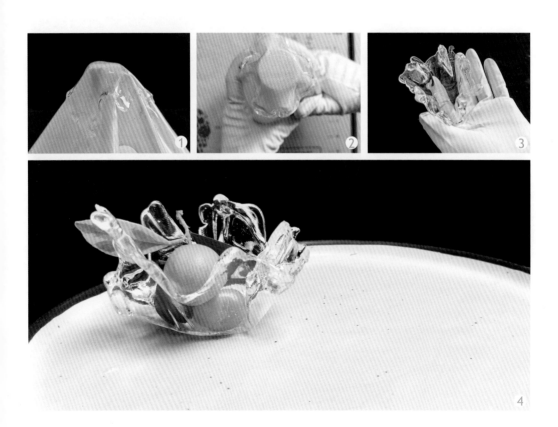

张弛有度

原料

艾素糖、水、食用色素。

制作

1. 基础熬糖。参照"雏菊绽放"中的做法。

2. 糖丝弹簧。将熬好的糖中加入食用色素，稍凉后取出拉伸，卷在有机玻璃棒上拉伸卷曲成弹簧状（图 1），点缀一些水果和植物叶片，装盘（图 2）。

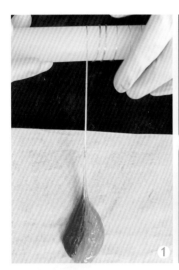

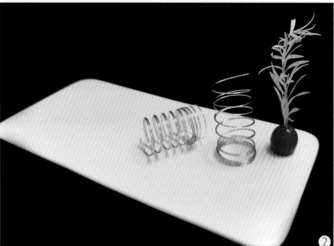

五、巧克力饰件

板上蕨情

原料

巧克力板、小青柑、青豆、蕨叶、樱桃番茄、法香、澄粉团、黑色果酱（图1）。

制作

1. 果酱线条。在盘子的一角挤上黑色果酱，用硅胶刷刷出果酱线条（图2）。

2. 组合。在线条上安上澄粉团，斜插上巧克力板（图3），再插上蕨叶（图4），放上半个小青柑、樱桃番茄（图5），点缀上青豆、法香（图6）。

3. 成品（图7）。

花之陪衬

原料

巧克力叶子、玫瑰花、蓝莓、青豆、三色堇、澄粉团、黑色果酱（图1）。

制作

1. 果酱线条。在盘子的一角挤上几滴黑色果酱，用手指刷出线条（图2）。

2. 组合。在线条上安放上澄粉团，插上巧克力叶子（图3），放上玫瑰花（图4），点缀上青豆和蓝莓（图5），再点缀上三色堇（图6）。

3. 成品（图7）。

斜倚金棒

原料

巧克力棒、三色堇、酸模叶、樱桃萝卜、小青柑、蓝莓、蓝色果酱、黑色果酱、红色果酱（图1）。

制作

1. 果酱线条。在盘子的一角，用黑色果酱画出"Z"形线条，再分别用蓝色果酱、红色果酱挤上果酱点（图2）。

2. 组合。在中间放上樱桃萝卜（图3），斜倚上巧克力棒（图4），放上小青柑、蓝莓（图5），点缀上酸模叶、三色堇（图6）。

3. 成品（图7）。

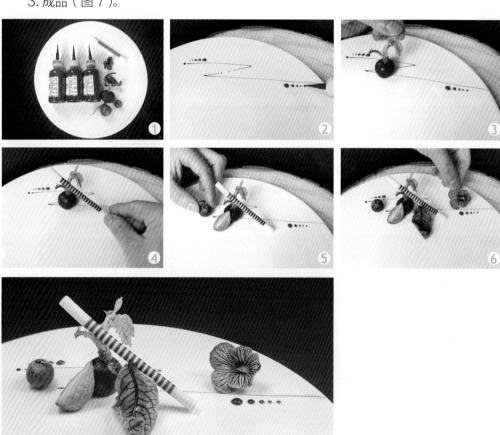

心之爱恋

原料

爱心巧克力、小草、松针、雏菊、法香、小青柑、澄粉团、黑色果酱（图1）。

制作

1. 果酱线条。在盘子的一角，用黑色果酱画出交叉线（图2）。

2. 组合。在线条中间安放上澄粉团，插上爱心巧克力（图3），插上小草（图4），缀上雏菊（图5），放上法香（图6），放上小青柑、松针（图7）。

3. 成品（图8）。

扬帆起航

原料

巧克力帆、法香、满天星、樱桃、铜钱草、澄粉团、蓝色果酱（图1）。

制作

1. 果酱线条。在盘子的一角，挤上蓝色果酱，用手指涂抹出波浪状（图2）。

2. 组合。在线条的一端安放上澄粉团，插上两片巧克力帆（图3），插上铜钱草（图4），放上满天星（图5），缀上法香（图6），最后放上樱桃（图7）。

3. 成品（图8）。

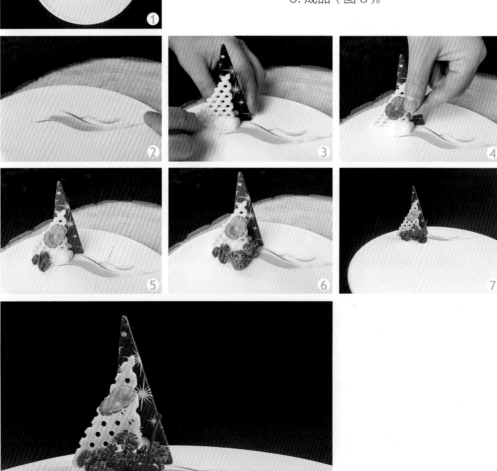

六、果酱画饰件

富贵牡丹

原料

绿色果酱、黄色果酱、黑色果酱、玫红色果酱、紫罗兰色果酱、褐色果酱。

制作

1. 定位。用紫罗兰色果酱勾画牡丹的花瓣线条（图1）。

2. 花瓣。用手指头向内圆心处涂抹，做成一圈花瓣（图2）。

3. 模仿步骤1、步骤2，做出更多花瓣（图3）。

4. 花蕊。用黄色果酱勾画出花蕊（图4），再用黑色果酱勾画出黑色蕊芯（图5）。同样做法用玫红色果酱画出另一朵玫红色牡丹（图6）。

5. 绿叶。用绿色果酱点划出绿叶定位（图7），用手指涂抹出叶片（图8），最

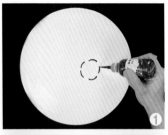

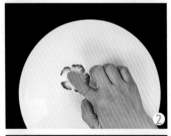

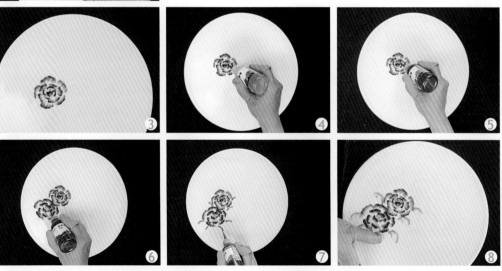

后用黑色果酱勾画出叶脉（图9）。

　　6.枝干。用黑色果酱配合褐色果酱画
出枝干，点画出未开的花蕾（图10）。

　　7.成品（图11）。

荷立蜻蜓

原料

墨绿色果酱、黑色果酱、玫红色果酱、白色果酱、灰色果酱、浅蓝色果酱。

制作

1. 定位。在盘子的一侧用浅蓝色果酱点画出四个点（图1）。

2. 蜻蜓。用手指反向涂抹出蜻蜓的翅膀（图2），再用黑色果酱勾勒出蜻蜓的翅膀轮廓（图3、图4），继续用黑色果酱画出蜻蜓的身子（图5）。

3. 荷花。在蜻蜓头部的下方用玫红色果酱画出一个点（图6），用手指涂抹出一个花瓣（图7），在花瓣的下方再点两个红点（图8），继续涂抹出另外两个花瓣，组成一朵荷花（图9）。

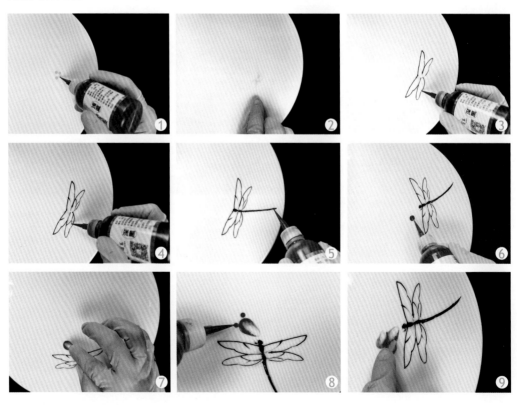

4. 花托与茎。用墨绿色果酱画出花托（图10），用灰色果酱配合画出花茎（图11）。

5. 荷叶与茎。在花茎的中部，用墨绿色果酱画出荷叶的定位（图12），用手指涂抹出荷叶的形状（图13），再用灰色果酱配合黑色果酱描画出荷茎（图14）。

6. 补缀。用白色果酱在蜻蜓的身体上点画出白色的花纹（图15）。

7. 成品（图16）。

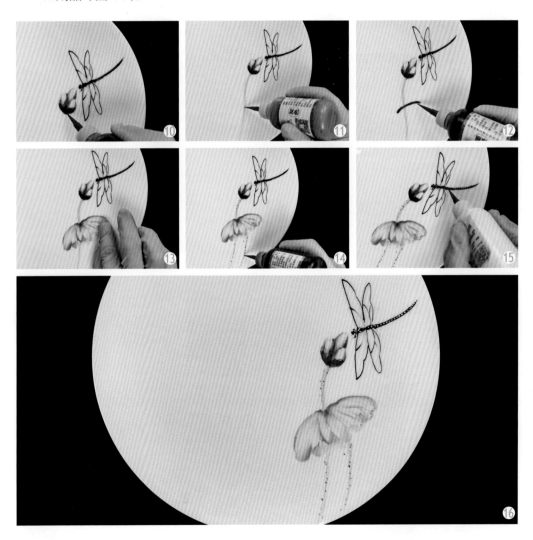

清凉西瓜

原料

红色果酱、深绿色果酱、黑色果酱、灰色果酱、白色果酱。

制作

1. 定位。在盘子一侧用深绿色果酱点出西瓜的定位（图1）。

2. 西瓜。用手指涂抹出西瓜的模样——椭圆形（图2），用黑色果酱描出西瓜的瓜纹（图3），再用深绿色果酱勾勒出瓜蔓（图4），最后用灰色果酱画出西瓜的阴影（图5）。

3. 西瓜角。在西瓜下方用红色果酱画出一角西瓜的定位（图6），用手指涂抹润染（图7），再用深绿色果酱勾出西瓜角的轮廓（图8），用黑色果酱点上西瓜籽（图9），在黑色西瓜籽上用白色果酱点上白色的点点（图10）。

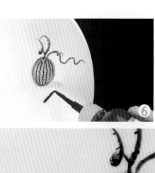
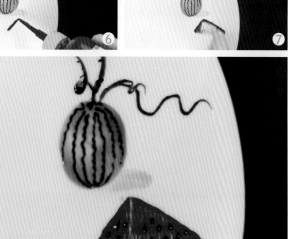

疏梅弄影

原料

黑色果酱、蓝色果酱、红色果酱、绿色果酱。

制作

1. 定位。用黑色果酱描画出疏梅的枝干（图1）。

2. 花瓣。用红色果酱挤出五个梅花的点（图2），在另一端同样挤出五个梅花的点和一个爱心，用棉签涂抹出花瓣（图3），补上一些花蕾，挤出四个点（图4）。

3. 枝叶。用绿色果酱涂抹出抽象的叶子（图5），用蓝色果酱也涂抹出抽象的叶子（图6）。

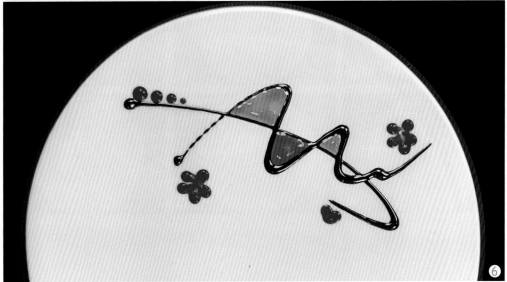

虾趣横生

原料

黑色果酱。

制作

1. 定位。用黑色果酱在盘子下方点上一点定位（图1）。

2. 青虾。用手指头向外涂抹（图2），用黑色果酱勾画出虾枪（图3），继续画出虾眼和虾背（图4），用指尖涂抹出虾节（图5），继续涂抹（图6、图7、图8），描画出虾尾（图9），涂上色（图10），勾画出虾尾的细节（图11），画出虾须（图12），描出虾钳（图13）。

用同样方法画出另一只虾（图14），用果酱题字、画印章（图15、图16）。

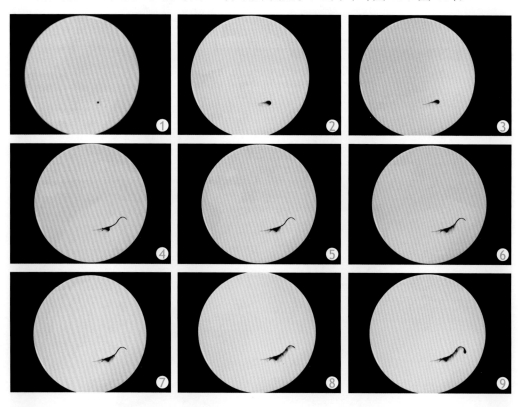

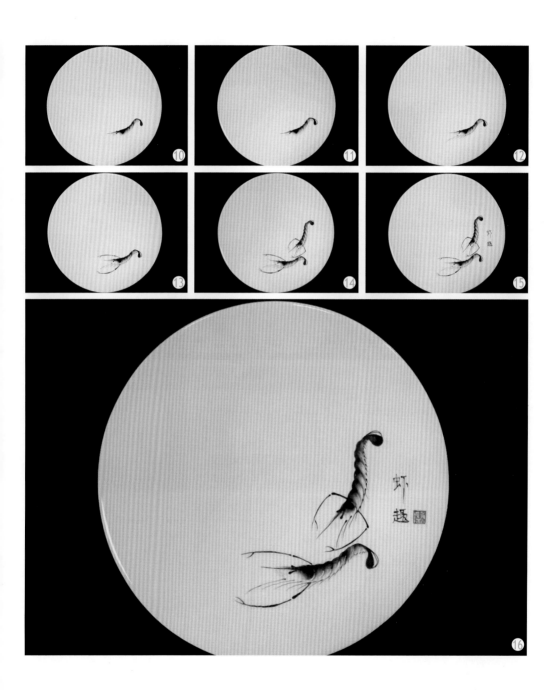

107

纤纤青竹

原料

墨绿色果酱、红色果酱、黑色果酱。

制作

1. 青竹。在盘子的一侧，用墨绿色果酱画出一根线条定位（图1），用小刀刮出竹节（图2），再用墨绿色果酱勾勒出另一根线条（图3），再用小刀刮出竹节（图4）。

2. 细枝。用墨绿色果酱勾出两根细竹枝（图5），描出很多分枝（图6）。

3. 竹叶。用细笔沾上墨绿色果酱描出竹叶（图7）。用黑色果酱、红色果酱写字、勾画点缀。

4. 成品（图8）。

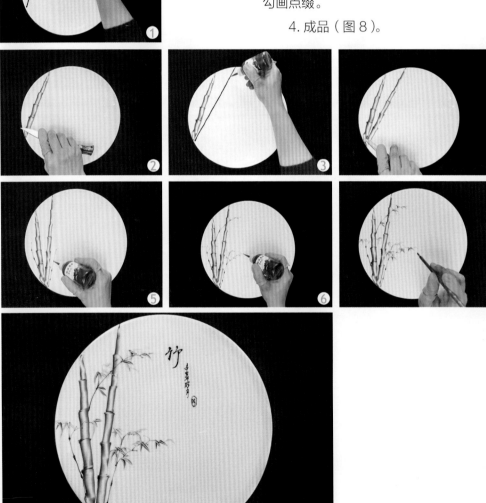

樱桃番茄

原料

　　透明果酱、深绿色果酱、深红色果酱、白色果酱。

制作

　　1. 定位。用深红色果酱在盘子的一角挤出三个点定位（图1）。

　　2. 樱桃番茄。用手指涂抹、扩大（图2），用深绿色果酱描画出果蒂的形状（图3），用白色果酱和透明果酱点出亮色（图4）。

　　3. 枝叶。用深绿色果酱画出枝干（图5），在叶子的部位挤出深绿色果酱（图6），用手指涂抹出叶子的形状（图7）。

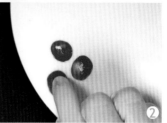